关键信息基础设施安全保护条例

中国法制出版社

关键信息基础设施安全保护条例

GUANJIAN XINXI JICHU SHESHI ANQUAN BAOHU TIAOLI

经销/新华书店

印刷/鸿博睿特（天津）印刷科技有限公司

开本/850毫米×1168毫米　32开　　印张/0.75　字数/10千

版次/2021年9月第1版　　2024年8月第3次印刷

中国法制出版社出版

书号 ISBN 978-7-5216-2132-7　　定价：5.00元

北京市西城区西便门西里甲16号西便门办公区

邮政编码 100053　　传真：010-63141600

网址：http：//www.zgfzs.com　　**编辑部电话：010-63141673**

市场营销部电话：010-63141612　　**印务部电话：010-63141606**

（如有印装质量问题，请与本社印务部联系。）

目　　录

中华人民共和国国务院令

第 745 号

《关键信息基础设施安全保护条例》已经 2021 年 4 月 27 日国务院第 133 次常务会议通过，现予公布，自 2021 年 9 月 1 日起施行。

总理　李克强

2021 年 7 月 30 日

关键信息基础设施安全保护条例

第一章　总　　则

第一条　为了保障关键信息基础设施安全，维护网络安全，根据《中华人民共和国网络安全法》，制定本条例。

第二条　本条例所称关键信息基础设施，是指公共通信和信息服务、能源、交通、水利、金融、公共服务、电子政务、国防科技工业等重要行业和领域的，以及其他一旦遭到破坏、丧失功能或者数据泄露，可能严重危害国家安全、国计民生、公共利益的重要网络设施、信息系统等。

第三条　在国家网信部门统筹协调下，国务院公安部门负责指导监督关键信息基础设施安全保护工作。国务院电信主管部门和其他有关部门依照本条例和有关法律、行政法规的规定，在各自职责范围内负责关键信息基础设施安全保护和监督管理工作。

省级人民政府有关部门依据各自职责对关键信息基础设施实施安全保护和监督管理。

第四条　关键信息基础设施安全保护坚持综合协调、

分工负责、依法保护，强化和落实关键信息基础设施运营者（以下简称运营者）主体责任，充分发挥政府及社会各方面的作用，共同保护关键信息基础设施安全。

第五条 国家对关键信息基础设施实行重点保护，采取措施，监测、防御、处置来源于中华人民共和国境内外的网络安全风险和威胁，保护关键信息基础设施免受攻击、侵入、干扰和破坏，依法惩治危害关键信息基础设施安全的违法犯罪活动。

任何个人和组织不得实施非法侵入、干扰、破坏关键信息基础设施的活动，不得危害关键信息基础设施安全。

第六条 运营者依照本条例和有关法律、行政法规的规定以及国家标准的强制性要求，在网络安全等级保护的基础上，采取技术保护措施和其他必要措施，应对网络安全事件，防范网络攻击和违法犯罪活动，保障关键信息基础设施安全稳定运行，维护数据的完整性、保密性和可用性。

第七条 对在关键信息基础设施安全保护工作中取得显著成绩或者作出突出贡献的单位和个人，按照国家有关规定给予表彰。

第二章 关键信息基础设施认定

第八条 本条例第二条涉及的重要行业和领域的主管

部门、监督管理部门是负责关键信息基础设施安全保护工作的部门（以下简称保护工作部门）。

第九条 保护工作部门结合本行业、本领域实际，制定关键信息基础设施认定规则，并报国务院公安部门备案。

制定认定规则应当主要考虑下列因素：

（一）网络设施、信息系统等对于本行业、本领域关键核心业务的重要程度；

（二）网络设施、信息系统等一旦遭到破坏、丧失功能或者数据泄露可能带来的危害程度；

（三）对其他行业和领域的关联性影响。

第十条 保护工作部门根据认定规则负责组织认定本行业、本领域的关键信息基础设施，及时将认定结果通知运营者，并通报国务院公安部门。

第十一条 关键信息基础设施发生较大变化，可能影响其认定结果的，运营者应当及时将相关情况报告保护工作部门。保护工作部门自收到报告之日起3个月内完成重新认定，将认定结果通知运营者，并通报国务院公安部门。

第三章 运营者责任义务

第十二条 安全保护措施应当与关键信息基础设施同步规划、同步建设、同步使用。

第十三条 运营者应当建立健全网络安全保护制度和责任制，保障人力、财力、物力投入。运营者的主要负责人对关键信息基础设施安全保护负总责，领导关键信息基础设施安全保护和重大网络安全事件处置工作，组织研究解决重大网络安全问题。

第十四条 运营者应当设置专门安全管理机构，并对专门安全管理机构负责人和关键岗位人员进行安全背景审查。审查时，公安机关、国家安全机关应当予以协助。

第十五条 专门安全管理机构具体负责本单位的关键信息基础设施安全保护工作，履行下列职责：

（一）建立健全网络安全管理、评价考核制度，拟订关键信息基础设施安全保护计划；

（二）组织推动网络安全防护能力建设，开展网络安全监测、检测和风险评估；

（三）按照国家及行业网络安全事件应急预案，制定本单位应急预案，定期开展应急演练，处置网络安全事件；

（四）认定网络安全关键岗位，组织开展网络安全工作考核，提出奖励和惩处建议；

（五）组织网络安全教育、培训；

（六）履行个人信息和数据安全保护责任，建立健全个人信息和数据安全保护制度；

（七）对关键信息基础设施设计、建设、运行、维护等服务实施安全管理；

（八）按照规定报告网络安全事件和重要事项。

第十六条 运营者应当保障专门安全管理机构的运行经费、配备相应的人员，开展与网络安全和信息化有关的决策应当有专门安全管理机构人员参与。

第十七条 运营者应当自行或者委托网络安全服务机构对关键信息基础设施每年至少进行一次网络安全检测和风险评估，对发现的安全问题及时整改，并按照保护工作部门要求报送情况。

第十八条 关键信息基础设施发生重大网络安全事件或者发现重大网络安全威胁时，运营者应当按照有关规定向保护工作部门、公安机关报告。

发生关键信息基础设施整体中断运行或者主要功能故障、国家基础信息以及其他重要数据泄露、较大规模个人信息泄露、造成较大经济损失、违法信息较大范围传播等特别重大网络安全事件或者发现特别重大网络安全威胁时，保护工作部门应当在收到报告后，及时向国家网信部门、国务院公安部门报告。

第十九条 运营者应当优先采购安全可信的网络产品和服务；采购网络产品和服务可能影响国家安全的，应当按照国家网络安全规定通过安全审查。

第二十条 运营者采购网络产品和服务，应当按照国家有关规定与网络产品和服务提供者签订安全保密协议，明确提供者的技术支持和安全保密义务与责任，并对义务与责任履行情况进行监督。

第二十一条 运营者发生合并、分立、解散等情况，应当及时报告保护工作部门，并按照保护工作部门的要求对关键信息基础设施进行处置，确保安全。

第四章 保障和促进

第二十二条 保护工作部门应当制定本行业、本领域关键信息基础设施安全规划，明确保护目标、基本要求、工作任务、具体措施。

第二十三条 国家网信部门统筹协调有关部门建立网络安全信息共享机制，及时汇总、研判、共享、发布网络安全威胁、漏洞、事件等信息，促进有关部门、保护工作部门、运营者以及网络安全服务机构等之间的网络安全信息共享。

第二十四条 保护工作部门应当建立健全本行业、本领域的关键信息基础设施网络安全监测预警制度，及时掌握本行业、本领域关键信息基础设施运行状况、安全态势，预警通报网络安全威胁和隐患，指导做好安全防范工作。

第二十五条 保护工作部门应当按照国家网络安全事件应急预案的要求，建立健全本行业、本领域的网络安全事件应急预案，定期组织应急演练；指导运营者做好网络安全事件应对处置，并根据需要组织提供技术支持与协助。

第二十六条 保护工作部门应当定期组织开展本行业、本领域关键信息基础设施网络安全检查检测，指导监督运营者及时整改安全隐患、完善安全措施。

第二十七条 国家网信部门统筹协调国务院公安部门、保护工作部门对关键信息基础设施进行网络安全检查检测，提出改进措施。

有关部门在开展关键信息基础设施网络安全检查时，应当加强协同配合、信息沟通，避免不必要的检查和交叉重复检查。检查工作不得收取费用，不得要求被检查单位购买指定品牌或者指定生产、销售单位的产品和服务。

第二十八条 运营者对保护工作部门开展的关键信息基础设施网络安全检查检测工作，以及公安、国家安全、保密行政管理、密码管理等有关部门依法开展的关键信息基础设施网络安全检查工作应当予以配合。

第二十九条 在关键信息基础设施安全保护工作中，国家网信部门和国务院电信主管部门、国务院公安部门等应当根据保护工作部门的需要，及时提供技术支持和协助。

第三十条 网信部门、公安机关、保护工作部门等有关部门，网络安全服务机构及其工作人员对于在关键信息基础设施安全保护工作中获取的信息，只能用于维护网络安全，并严格按照有关法律、行政法规的要求确保信息安全，不得泄露、出售或者非法向他人提供。

第三十一条　未经国家网信部门、国务院公安部门批准或者保护工作部门、运营者授权，任何个人和组织不得对关键信息基础设施实施漏洞探测、渗透性测试等可能影响或者危害关键信息基础设施安全的活动。对基础电信网络实施漏洞探测、渗透性测试等活动，应当事先向国务院电信主管部门报告。

第三十二条　国家采取措施，优先保障能源、电信等关键信息基础设施安全运行。

能源、电信行业应当采取措施，为其他行业和领域的关键信息基础设施安全运行提供重点保障。

第三十三条　公安机关、国家安全机关依据各自职责依法加强关键信息基础设施安全保卫，防范打击针对和利用关键信息基础设施实施的违法犯罪活动。

第三十四条　国家制定和完善关键信息基础设施安全标准，指导、规范关键信息基础设施安全保护工作。

第三十五条　国家采取措施，鼓励网络安全专门人才从事关键信息基础设施安全保护工作；将运营者安全管理人员、安全技术人员培训纳入国家继续教育体系。

第三十六条　国家支持关键信息基础设施安全防护技术创新和产业发展，组织力量实施关键信息基础设施安全技术攻关。

第三十七条　国家加强网络安全服务机构建设和管

理，制定管理要求并加强监督指导，不断提升服务机构能力水平，充分发挥其在关键信息基础设施安全保护中的作用。

第三十八条 国家加强网络安全军民融合，军地协同保护关键信息基础设施安全。

第五章 法律责任

第三十九条 运营者有下列情形之一的，由有关主管部门依据职责责令改正，给予警告；拒不改正或者导致危害网络安全等后果的，处 10 万元以上 100 万元以下罚款，对直接负责的主管人员处 1 万元以上 10 万元以下罚款：

（一）在关键信息基础设施发生较大变化，可能影响其认定结果时未及时将相关情况报告保护工作部门的；

（二）安全保护措施未与关键信息基础设施同步规划、同步建设、同步使用的；

（三）未建立健全网络安全保护制度和责任制的；

（四）未设置专门安全管理机构的；

（五）未对专门安全管理机构负责人和关键岗位人员进行安全背景审查的；

（六）开展与网络安全和信息化有关的决策没有专门安全管理机构人员参与的；

（七）专门安全管理机构未履行本条例第十五条规定

的职责的；

（八）未对关键信息基础设施每年至少进行一次网络安全检测和风险评估，未对发现的安全问题及时整改，或者未按照保护工作部门要求报送情况的；

（九）采购网络产品和服务，未按照国家有关规定与网络产品和服务提供者签订安全保密协议的；

（十）发生合并、分立、解散等情况，未及时报告保护工作部门，或者未按照保护工作部门的要求对关键信息基础设施进行处置的。

第四十条 运营者在关键信息基础设施发生重大网络安全事件或者发现重大网络安全威胁时，未按照有关规定向保护工作部门、公安机关报告的，由保护工作部门、公安机关依据职责责令改正，给予警告；拒不改正或者导致危害网络安全等后果的，处 10 万元以上 100 万元以下罚款，对直接负责的主管人员处 1 万元以上 10 万元以下罚款。

第四十一条 运营者采购可能影响国家安全的网络产品和服务，未按照国家网络安全规定进行安全审查的，由国家网信部门等有关主管部门依据职责责令改正，处采购金额 1 倍以上 10 倍以下罚款，对直接负责的主管人员和其他直接责任人员处 1 万元以上 10 万元以下罚款。

第四十二条 运营者对保护工作部门开展的关键信息基础设施网络安全检查检测工作，以及公安、国家安全、保密行政管理、密码管理等有关部门依法开展的关键信息基础设施网络安全检查工作不予配合的，由有关主管部门责令改正；拒不改正的，处5万元以上50万元以下罚款，对直接负责的主管人员和其他直接责任人员处1万元以上10万元以下罚款；情节严重的，依法追究相应法律责任。

第四十三条 实施非法侵入、干扰、破坏关键信息基础设施，危害其安全的活动尚不构成犯罪的，依照《中华人民共和国网络安全法》有关规定，由公安机关没收违法所得，处5日以下拘留，可以并处5万元以上50万元以下罚款；情节较重的，处5日以上15日以下拘留，可以并处10万元以上100万元以下罚款。

单位有前款行为的，由公安机关没收违法所得，处10万元以上100万元以下罚款，并对直接负责的主管人员和其他直接责任人员依照前款规定处罚。

违反本条例第五条第二款和第三十一条规定，受到治安管理处罚的人员，5年内不得从事网络安全管理和网络运营关键岗位的工作；受到刑事处罚的人员，终身不得从事网络安全管理和网络运营关键岗位的工作。

第四十四条 网信部门、公安机关、保护工作部门和其他有关部门及其工作人员未履行关键信息基础设施安全保护和监督管理职责或者玩忽职守、滥用职权、徇私舞弊的，依法对直接负责的主管人员和其他直接责任人员给予处分。

第四十五条 公安机关、保护工作部门和其他有关部门在开展关键信息基础设施网络安全检查工作中收取费用，或者要求被检查单位购买指定品牌或者指定生产、销售单位的产品和服务的，由其上级机关责令改正，退还收取的费用；情节严重的，依法对直接负责的主管人员和其他直接责任人员给予处分。

第四十六条 网信部门、公安机关、保护工作部门等有关部门、网络安全服务机构及其工作人员将在关键信息基础设施安全保护工作中获取的信息用于其他用途，或者泄露、出售、非法向他人提供的，依法对直接负责的主管人员和其他直接责任人员给予处分。

第四十七条 关键信息基础设施发生重大和特别重大网络安全事件，经调查确定为责任事故的，除应当查明运营者责任并依法予以追究外，还应查明相关网络安全服务机构及有关部门的责任，对有失职、渎职及其他违法行为的，依法追究责任。

第四十八条 电子政务关键信息基础设施的运营者不履行本条例规定的网络安全保护义务的，依照《中华人民共和国网络安全法》有关规定予以处理。

第四十九条 违反本条例规定，给他人造成损害的，依法承担民事责任。

违反本条例规定，构成违反治安管理行为的，依法给予治安管理处罚；构成犯罪的，依法追究刑事责任。

第六章　附　　则

第五十条　存储、处理涉及国家秘密信息的关键信息基础设施的安全保护，还应当遵守保密法律、行政法规的规定。

关键信息基础设施中的密码使用和管理，还应当遵守相关法律、行政法规的规定。

第五十一条　本条例自 2021 年 9 月 1 日起施行。

司法部　网信办　工业和信息化部公安部负责人就《关键信息基础设施安全保护条例》答记者问

2021 年 7 月 30 日，国务院总理李克强签署第 745 号国务院令，公布《关键信息基础设施安全保护条例》（以下简称《条例》），自 2021 年 9 月 1 日起施行。日前，司法部、网信办、工业和信息化部、公安部负责人就《条例》有关问题回答了记者提问。

问：请简要介绍一下《条例》出台的背景。

答：党中央、国务院高度重视关键信息基础设施安全保护工作。关键信息基础设施是经济社会运行的神经中枢，是网络安全的重中之重。保障关键信息基础设施安全，对于维护国家网络空间主权和国家安全、保障经济社会健康发展、维护公共利益和公民合法权益具有重大意义。当前，关键信息基础设施面临的网络安全形势日趋严峻，网络攻击威胁上升，事故隐患易发多发，安全保护工作还存在法规制度不完善、工作基础薄弱、资源力量分散、技术产业支撑不足等突出问题，亟待建立专门制度，明确各方责任，加快提升关键信息基础设施安全保护能力。2017 年施行的《中华人民共和国网络安全法》规定，关键信息基础设施的具体范围和安全保护办法由国务院制定。出台《条例》旨在落实《中华人民共和国网络安全法》有关要求，将为我国深入开展关键信息基础设施安全保护工作提供有力法治保障。

问：制定《条例》的总体思路是什么？

答：在总体思路上主要把握了以下三点：一是坚持问题导向。针对关键信息基础设施安全保护工作实践中的突出问题，细化《中华人民共和国网络安全法》有关规定，将实践证明成熟有效的做法上升为法律制度，为保护工作提供法治保障。二是压实责任。坚持综合协调、分工负责、依法保护，强化和落实关键信息基础设施运营者主体责任，充分发挥政府及社会各方面的作用，共同保护关键信息基础设施安全。三是做好与相关法律、行政法规的衔接。在《中华人民共和国网络安全法》确立的制度框架下，细化相关制度措施，同时处理好与相关法律、行政法规的关系。

问：开展关键信息基础设施安全保护工作，各部门的职责分工是什么？

答：《条例》第三条规定在国家网信部门统筹协调下，国务院公安部门负责指导监督关键信息基础设施安全保护工作；国务院电信主管部门和其他有关部门依照本条例和有关法律、行政法规的规定，在各自职责范围内负责关键信息基础设施安全保护和监督管理工作。省级人民政府有关部门依据各自职责对关键信息基础设施实施安全保护和监督管理。

问：关键信息基础设施如何认定？

答：《条例》从我国国情出发，借鉴国外通行做法，明确了关键信息基础设施的定义和认定程序。一是明确关键信息基础设施的定义。二是明确关键信息基础设施所在行业和领域的主管部门、监督管理部门是负责关键信息基础设施安全保护工作的部门。三是明确由保护工作部门结合本行业、本领域实际，制定关键信息基础设施认定规则，并组织认定本行业、本领域的关键信息基础设施。四是规定关键信息基础设施发生较大变化，可能影响其认定结果时，运营者应当及时报告保护工作部门，由保护工作部门重新认定。

问：《条例》对保护工作部门职责作了哪些规定？

答：依据《中华人民共和国网络安全法》有关规定，按照“谁主管谁负责”的原则，《条例》明确了保护工作部门对本行业、本领域关键信息基础设施的安全保护责任：一是制定关键信息基础设施安全规划，明确保护目标、基本要求、工作任务、具体措施。二是建立健全网络安全监测预警制度，及时掌握关键信息基础设施运行状况、安全态势，预警通报网络安全威胁和隐患，指导做好安全防范工作。三是建立健全网络安全事件应急预案，定期组织应急演练。四是指导运营者做好网络安全事件应对处置，并根据需要组织提供技术支持与协助。五是定期组织开展网络安全检查检测，指导监督运营者及时整改安全隐患、完善安全措施。

问：为强化和落实关键信息基础设施运营者主体责任，《条例》主要作了哪些规定？

答：《条例》在总则部分对运营者责任作了原则规定，要求运营者依照本条例和有关法律、行政法规的规定以及国家标准的强制性要求，在网络安全等级保护的基础上，采取技术保护措施和其他必要措施，应对网络安全事件，防范网络攻击和违法犯罪活动，保障关键信息基础设施安全稳定运行，维护数据的完整性、保密性和可用性。

《条例》还设专章细化了有关义务要求，主要包括：一是建立健全网络安全保护制度和责任制，实行“一把手负责制”，明确运营者主要负责人负总责，保障人财物投入。二是设置专门安全管理机构，履行安全保护职责，参与本单位与网络安全和信息化有关的决策，并对机构负责人和关键岗位人员进行安全背景审查。三是对关键信息基础设施每年进行网络安全检测和风险评估，及时整改问题并按要求向保护工作部门报送情况。四是关键信息基础设施发生重大网络安全事件或者发现重大网络安全威胁时，按规定向保护工作部门、公安机关报告。五是优先采购安全可信的网络产品和服务，并与提供者签订安全保密协议；可能影响国家安全的，应当按规定通过安全审查。

问：对于关键信息基础设施安全保护工作，《条例》明确了哪些保障和促进措施？

答：保障关键信息基础设施安全，需要统筹资源和力量，全方位实施保护。《条例》在保障方面，一是明确建立网络安全信息共享机制，并规定工作中获取的信息只能用于维护网络安全，不得泄露、出售或者非法向他人提供。二是对国家有关部门开展安全检查作出规定，要求避免不必要的检查和交叉重复检查，检查不得收费，不得要求被检查单位购买指定产品和服务；同时规定任何个人和组织未经授权不得对关键信息基础设施进行探测测试等活动。三是规定国家网信部门和国务院电信主管部门、公安部门等根据保护工作部门需要，提供技术支持和协助。四是明确国家对能源、电信等关键信息基础设施安全运行实施优先保障。五是规定公安机关、国家安全机关依据各自职责依法加强关键信息基础设施安全保卫，防范打击针对和利用关键信息基础设施实施的违法犯罪活动。六是明确国家出台安全标准，指导规范关键信息基础设施安全保护工作。《条例》在支持促进方面，从人才培养、技术创新和产业发展、网络安全服务机构建设与管理、军民融合、表彰奖励等方面作了相应规定。

问：对实施危害关键信息基础设施安全活动的个人和组织，或未经授权或批准，对关键信息基础设施实施漏洞探测、渗透性测试等活动的个人和组织，《条例》作了哪些规范？

答：实践中，一些个人和组织擅自对关键信息基础设施实施漏洞探测、渗透性测试等活动，影响关键信息基础设施安全。《条例》一是明确任何个人和组织不得实施非法侵入、干扰、破坏关键信息基础设施的活动，不得危害关键信息基础设施安全。二是规定未经国家网信部门、国务院公安部门批准或者保护工作部门、运营者授权，任何个人和组织不得对关键信息基础设施实施漏洞探测、渗透性测试等可能影响或者危害关键信息基础设施安全的活动。对基础电信网络实施漏洞探测、渗透性测试等活动，应当事先向国务院电信主管部门报告。三是在法律责任章节中专门规定了相应罚则。

问：关键信息基础设施中的重要数据出境如何进行？

答：《中华人民共和国数据安全法》已由第十三届全国人民代表大会常务委员会第二十九次会议于2021年6月10日通过，将于9月1日起实施。其中，第三十一条规定，关键信息基础设施的运营者在中华人民共和国境内运营中收集和产生的重要数据的出境安全管理，适用《中华人民共和国网络安全法》的规定。《中华人民共和国网络安全法》第三十七条规定，关键信息基础设施的运营者在中华人民共和国境内运营中收集和产生的个人信息和重要数据应当在境内存储。因业务需要，确需向境外提供的，应当按照国家网信部门会同国务院有关部门制定的办法进行安全评估；法律、行政法规另有规定的，依照其规定。